幼兒大科學·5·

豐收的糧食

王渝生◎主編

劉全儒◎編著　黃架鑫◎繪

中華教育

幼兒大科學·5·

豐收的糧食

王渝生◎主編

劉全儒◎編著　黃架鑫◎繪

出版 / 中華教育

香港北角英皇道 499 號北角工業大廈 1 樓 B 室

電話：(852) 2137 2338　傳真：(852) 2713 8202

電子郵件：info@chunghwabook.com.hk

網址：http://www.chunghwabook.com.hk

發行 / 香港聯合書刊物流有限公司

香港新界荃灣德士古道 220–248 號荃灣工業中心 16 樓

電話：(852) 2150 2100　傳真：(852) 2407 3062

電子郵件：info@suplogistics.com.hk

印刷 / 高科技印刷集團有限公司

香港新界葵涌和宜合道 109 號長榮工業大廈 6 樓

版次 / 2021 年 10 月第 1 版第 1 次印刷

©2021 中華教育

規格 / 16 開（205mm x 170mm）

ISBN / 978–988–8759–85–9

責任編輯：梁潔瑩
裝幀設計：龐雅美
排版：龐雅美
印務：劉漢舉

目錄

忙碌的秋天

飄滿桂花香味的秋天到來了。

豐收的粟米已經曬好，大人們正忙着將它們搬進糧倉。

田鼠們也沒有歇着，牠們也在為不久後將要來臨的冬天做準備。

「有人來啦！快出來！」

張爺爺已經幫我們把地翻整好了。
爺爺決定帶我去田裏看看。

咦，還有一個小夥伴怎麼不見了？

現在是秋天了，天氣會越來越冷。爺爺購買了抗寒能力強的冬小麥種子。

我今天的任務是幫爺爺把種子撒到地裏。

栽種有着大學問

大部分的農作物都採用播種（多在春季）的形式進行栽種。種子是種子類植物用來繁殖的器官，它可以發育成一株新的植株。

種子分為兩大類：單子葉種子、雙子葉種子。

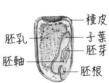

單子葉種子的結構

種皮
胚乳
子葉
胚芽
胚軸
胚根

雙子葉種子的結構

種皮

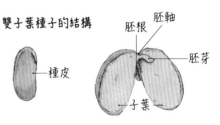

胚根
胚軸
胚芽
子葉

無土栽培

種子發芽需要適宜的温度和濕度。有了合適的温度和濕度，即使沒有土壤，種子也能發芽生長。比如科學家們採用的「無土栽培」技術，能讓種子在無土的情況下發芽生長。

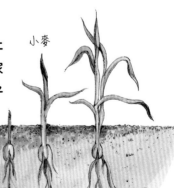

小麥

我在種子袋裏發現了老朋友田鼠木木，牠還是和以前一樣迷糊。

栽種前，翻鬆土地、曬地等整地工作，能為農作物創造良好的生長環境。

木木的家就在附近，牠邀請我去參觀。

木木說，到明年春天天氣暖和了，地下會有更多小動物。

蟋蟀

螞蟻

蚯蚓

有的農作物有更特別的栽種方式，比如馬鈴薯和紅薯。

馬鈴薯可以通過塊狀根進行栽種。

紅薯可以利用莖葉扡插的方式進行栽種。

1

2

3

4

人人都愛的小麥

新種下的小麥種子，幾天後就會發芽。

第二年夏天來臨時，麥子成熟，麥田將會變成金黃色，空氣裏都瀰漫着麥子的清香。

穎果是甚麼？

這是小麥的穎果。

它是麥類和稻類的果實。

小麥在地裏待太久，麥粒會自己「蹦」出來撒到地裏，很快就發芽生長，所以小麥成熟後要儘快收割。

小麥的穎果有一層硬殼，它保護着小麥仁，需要去掉這層硬殼才能食用小麥仁。

一起來看看小麥的生長過程

秋天種下的冬小麥，很快就會長出幼苗。

寒冬時，小麥會分出很多「分身」，聚攏在一起。

小麥仁大多會被磨成麵粉，麵粉可以製作各種各樣的麵食。

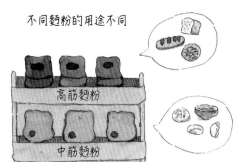

不同麵粉的用途不同

高筋麵粉

中筋麵粉

低筋麵粉

　　人們發現小麥磨成粉、做成麵食比直接煮食小麥要好吃得多。兩千多年前，人們就發明了石磨等工具，後來還有專門磨麵粉的磨坊。現在不常見到磨坊和石磨了，人們有了更省時省力的工具 —— 磨麵機。

　　現在人們在超市就能購買到各種麵粉。

小麥粉製成的麵條是餐桌上最常見的主食之一。

春天到來，小麥開始茁壯成長，等到綠油油的麥穗長出來，離收穫就不遠了。

夏天小麥就成熟了。

這棵小麥長得真高，普通小麥可沒有這樣高。

長在水裏的稻穀

幾個月前我和爺爺去了南方，在熱辣辣的六月天，種了一回水稻。我們常吃的大米就來自水稻。

水稻的種植和小麥的種植略有不同。種植水稻前，需要在其中一塊田地中培植出足夠多的秧苗，然後將秧苗移栽到其他水田裏。插秧就成了種植水稻的特殊過程。

有些地區的人會將鴨子和鵝趕到水田裏，讓牠們吃掉水田裏的雜草。

技術熟練的農民可以把秧苗插得從前後左右看都是一條線。

泥鰍、田螺、黃鱔還有青蛙都是水田裏的「居民」。

水蛭

插秧時要留意水田裏的水蛭和水蝨，牠們會咬人。

穿着外殼的大米叫作「稻穀」，去掉外殼的是「糙米」，再經過打磨就是白花花的大米。

稻穀　　　　　　糙米　　　　　　大米

「米家族」中白色的大米最普遍，除此之外，還有黑米、紅米以及黏性十足的糯米。

黑米　　　　　　紅米　　　　　　糯米

大米不僅可以蒸煮食用，磨成粉後還能做成各種食品。比如年糕、米糕、米線等。

年糕　　　　　米糕　　　　　米線

水稻成熟後需要將田裏的水放乾，等上幾天再收割。收穫的水稻要及時曬乾，防止發霉。

來自他鄉的粟米

這片田地在一個月前，結滿了飽滿的粟米。
我們到田裏摘了好多粟米，各種顏色的都有。

粟米有白色、黃色和花色等。不同品種的粟米相互傳粉，使得結出的粟米有了獨特的顏色。

一棵粟米植株能結出2~3根粟米。

人們在夏初種下粟米，秋天就可以收穫了。

粟米營養豐富，有「黃金作物」的美譽。它可以煮、燉、烤、炒、煲……做法豐富多樣。粟米秸稈可以作為生物燃料的原料。

烤粟米

墨西哥粟米卷

水煮粟米

爆米花

粟米粒炒肉碎

粟米麵窩窩頭

苞穀飯

粟米麵條

「粟米在千年前就有了！古人都愛吃粟米。」木木想在妹妹果果面前炫耀一下。牠的話被博學的老牛聽見了，老牛笑道：「在千年前，我們這裏可沒有粟米。」

粟米是外來農作物，它的故鄉在美洲。一個叫哥倫布的人發現了美洲大陸，粟米被他和他的同伴帶到了歐洲，並逐漸傳遍世界。大約四百年前（明朝時期），粟米才傳入中國。

哥倫布到達美洲後，發現這裏有着其他地方沒有的獨特作物。粟米就是其中之一。

據說，粟米剛傳入中國時，是獻給皇帝的貢品，最初只有皇宮裏才有粟米。

粟米傳入中國的主要方式

陸地傳播

海運傳播

農作物生病了

今天田裏發生了一件大事 —— 小麥被咬了！

和人類食用農作物一樣，一些小動物 —— 比如蝗蟲、麥蚜等，牠們也以農作物為食。

麥蚜又叫作「蜜蟲」，喜歡吸食麥類作物的嫩穗和嫩葉。牠們不僅對麥類產生危害，也吃粟米、高粱等農作物。

「好吃好吃。」

「人類真好，種了這麼多美味的食物。」

蝗蟲俗稱「螞蚱」，牠們能將葉片咬出缺口或孔洞。蝗蟲大面積出現時，可將農作物啃成光桿甚至全部吃乾淨。

稻飛蝨俗稱「響蟲」，牠們吸食水稻植株的汁液，同時還傳播病毒，使水稻生病。

「我們又來了。」

「孩子們有新家園了。」

玉米螟又叫「玉米鑽心蟲」，牠們在幼蟲時期，主要以農作物的莖葉莖稈為食，會破壞農作物的莖稈。

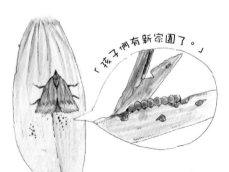

農作物壞死也可能是因為植株本身生病了。

稻紋枯病

粟米尤尖

倒伏

科學家們通過科學技術，培育出優良的農作物，比如抗倒伏的小麥、抗蟲害的水稻等。雖然不能徹底解決農作物的病蟲害問題，但是通過技術改良，能有效減少病蟲害造成的損失。

能變成糖的大麥

住在木木家旁邊的紅田鼠爺爺很喜歡大麥，牠告訴我們去科學實驗田能看到大麥。當然，牠沒忘記拜託我們給牠帶一袋大麥回來。

大麥

穎果

大麥仁

大麥在中國有五千多年的種植歷史。

大麥苗和小麥苗長得很相像，有時也會被誤認為是韭菜。

超市裏常看到的啤酒，大多是用大麥芽和小麥芽混合釀造的。（小孩子不可以喝酒！）

紅田鼠爺爺特意留了一部分大麥，準備給我們做麥芽糖吃。牠還會畫漂亮的糖畫呢！

麥芽糖的製作

1. 摘取大麥種子新生的芽放入料理機中，加水，打成汁。

2. 將糯米和粟米混合煮熟，加入打好的大麥芽汁，拌勻，蓋上保鮮膜發酵一夜。

3. 濾掉發酵液中的殘渣，熬煮過濾後的汁水。煮乾汁水，大麥麥芽糖就做好了。

紅田鼠爺爺還跟我們聊起了牠當初在青藏高原的旅行。在中國有一種大麥，叫作青稞。青稞耐寒、耐旱，能夠在青藏高原上茁壯生長。

青稞可以做成青稞酒，是青藏高原的名酒。

青稞稈可以作為犛牛的食物。

青稞還可以做糌粑，味道很獨特。

不管是青稞茶還是普通的大麥茶，在節慶日吃大餐時喝上幾杯，都有解膩的功效。

青稞

更多的麥類

木木想要考考我，讓我再說出幾種麥類家族的成員。這可難不倒我！

燕麥

燕麥是生命力很強的麥類，可以生長在高寒的地方。剛收穫的燕麥需要經過晾曬後才能送入倉庫儲存。

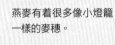

燕麥有着很多像小燈籠一樣的麥穗。

香軟有彈性的燕麥比大米有嚼勁。淘洗一碗燕麥放進鍋裏，加入一點大米一起熬煮，出鍋前再加一點糖，一鍋燕麥粥就做好了。

穎果

燕麥的穎果有兩種，一種是外殼緊裹的，稱為皮燕麥，另一種是外殼容易剝落的「裸燕麥」，俗稱莜麥。

有人喜歡把壓得扁扁的熟燕麥片泡在牛奶裏吃。

莜麥

莜麥主要生長在中國西北地區。在山西、內蒙古等地區有很多獨特的莜麥麵食。

穎果

莜麥麵

莜麥魚魚

黑麥

在德國，黑麥製作的黑麥麵包屬於「國寶」。黑麥麵包吃起來酸酸的，口感有些黏。

黑麥也是「釀酒明星」。用黑麥釀製的酒，有着獨特的辣味和醇厚的香氣。

黑麥

穎果

黑麥仁

黑麥啤酒

黑麥麵包

硬粒小麥

世界知名的意大利麵必須以硬粒小麥為原料，一般麵粉是做不出富有嚼勁的意大利麵的。

意大利麵

黑麥很耐凍，耐寒能力甚至能超越雜草。氣候寒冷的國家多種植黑麥。

好多糧食都能用來釀酒，可是它們究竟是怎樣變成酒的呢？我們一起到酒廠去看看吧！

酒是這樣來的

哇，釀酒廠好酷！

我看到許多粟米被運到了工廠，它們在酒的世界裏可是大明星呦。常見的白酒、啤酒的原料都是以粟米、小麥等糧食為主的。

1. 選料（以粟米為例）：挑選優質的粟米作為釀酒的原料。

2. 篩揀：除去變質的粟米粒、石子，將原料和一些輔料充分攪拌，加水使原料保持濕潤。

3. 製麴：將濕潤的原料放入蒸鍋蒸熟。

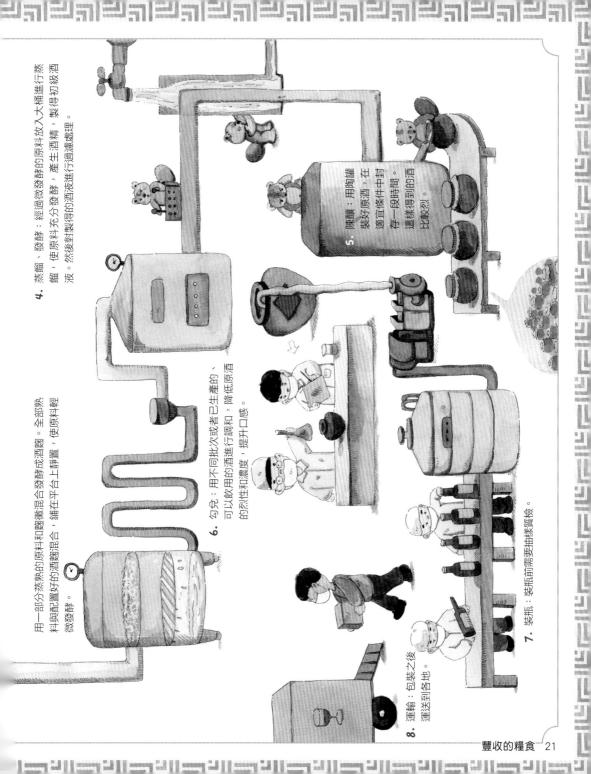

4. 蒸餾、發酵：經過微發酵的原料放入大桶進行蒸餾，使原料充分發酵，產生酒精，製得初級酒液。然後對製得的酒液進行過濾處理。

5. 陳釀：用陶罐，在適宜條件中封裝好原酒，存一段時間，這樣得到的酒比較烈。

用一部分蒸熟的原料和麴攪混合發酵成酒麴。全部熟料與配置好的酒麴混合，鋪在平台上靜置，使原料輕微發酵。

6. 勾兌：用不同批次或者已生產的、可以飲用的酒進行調和，降低原酒的烈性和濃度，提升口感。

7. 裝瓶：裝瓶前需要抽樣質檢。

8. 運輸：包裝之後運送到各地。

歷史悠久的粟和黍

這天上午，住在鄰村的姑姑給我們送來了新收穫的小米，小米粥可是我的最愛。

粟

粟是人類先祖馴化野生狗尾草得來 —— 沒錯，路邊最常見的狗尾草與粟有着相同的祖先。粟的穎果脫殼後又叫作「小米」。粟的產量較高，有詩云：「春種一粒粟，秋收萬顆子。」

粟品種繁多，有白、紅、黃、橙、紫各種顏色，俗稱「粟有五彩」。

穎果

小米

穗

人們將碎骨頭同未煮熟的小米拌在一起，餵養小雞。

用小米和南瓜熬煮的小米粥，香甜可口。

粟的莖稈能長到一米以上。

我有了新發現，小米裏面混有一種黃米。原來是姑姑把黃米和小米弄混了呀！

黍的籽實是黃米，和粟的籽實小米很像，它們經常被混淆。

黍是中國最早用於耕作的植物之一，經考證，中國北方的土地是黍的「祖籍」。黍的籽實成熟後是金黃色，俗稱「黃米」。

黍

穗

穎果

黃米

黃米比小米稍大，在端午的時候有人用它來做粽子。

古時「一尺」的由來
累黍法是古時度量長短的一種方法，即把中等大小的一百粒黃米排列起來，它們的長度代表「一尺」的長度。

黍殼可以做枕頭。

黃米磨成粉可以做油糕。

村子東邊的集市是村裏最熱鬧的地方。爺爺今天要去趕集，我又可以吃到好吃的了。

看，木木發現了有趣的東西。

蕎麥做成的發糕，像苦瓜一樣苦，卻是富含營養的健康食品。

全身是寶的蕎麥和被譽為「糧食之母」的藜麥，並不是穀物。但是它們和其他麥類糧食一樣，可以作為主食，而且營養價值非常高。

蕎麥

蕎麥植株上能開出兩千多朵花，卻只有很少的花能結出籽實。

蕎麥的籽實像三角形的小燈籠。

蕎麥全身都是寶。脫殼的蕎麥籽粒可以磨成粉做蕎麥麵，也可以泡茶喝。還可以將蕎麥籽粒脫下的殼裝進棉布口袋裏做成枕頭。

蕎麥

蕎麥的根、莖、葉可以與籽實一起做成蕎麥茶，味道雖然不怎麼好，但是會讓我們的身體更健康。

古印加人非常重視藜麥，稱之為「糧食之母」。而安第斯山當地人始終以藜麥為主食，他們驕傲地讚揚藜麥：「我們從不得病，因為我們吃祖先留下來的藜麥」。

藜麥種子顏色主要有白、黑、紅等幾種顏色，其中白色口感最好。

種子

花序

藜麥

美國國家航空暨太空總署將藜麥列為人類未來移民太空的理想的「太空糧食」。

了解更多的糧食

大家偷偷溜進了田鼠博士的書房，木木想找田鼠博士旅行日記給大家看，上面記載了更多的糧食。

高粱曾是一種糧食，但現在很少有人直接食用高粱。
高粱的稈也能吃，而且很甜。

高粱

薏苡仁可做成粥和各種麵食。薏苡仁又叫薏
米，長得很像珍珠。

薏苡

光稃稻

非洲型稻又叫作光稃稻。史學家認
為，在兩三千年前的尼日爾河上游
地區，人類培育了光稃稻。

御穀原產於非洲，它有着漂亮的外
形，又被稱為「觀賞穀子」，並作為
觀賞草栽培。

御穀

穇子

穇子有很多別名，比如龍爪稷、雞爪
穀、鴨腳粟等。稈可用作編織、造紙
或者做成家畜飼料。

糧食的儲存

　　豐收是件好事，也是生活中重要的事。收穫後的糧食需要好好保管。

　　我們一起去聽聽田鼠博士的儲存課，向博士請教如何儲存糧食吧。

各種糧食年產量比例

1. 產量最高的糧食是粟米。

2. 產量第二高的糧食是水稻。

3. 排名第三的是小麥。

　　田鼠博士家裏有一張圓形圖，牠很喜歡用這種圖記錄各種糧食的年產量情況。

儲存糧食小訣竅

1. 保持乾燥
2. 保持涼爽
3. 有時需要密封保存 (防蟲)

　　木木的堂兄弟也來到博士家，想知道粟米該如何儲藏。

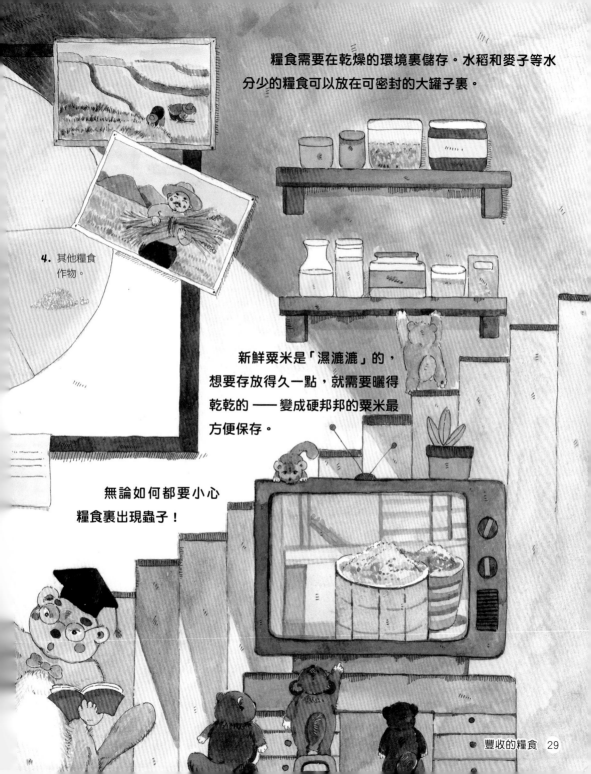

糧食需要在乾燥的環境裏儲存。水稻和麥子等水分少的糧食可以放在可密封的大罐子裏。

4. 其他糧食作物。

新鮮粟米是「濕漉漉」的，想要存放得久一點，就需要曬得乾乾的 —— 變成硬邦邦的粟米最方便保存。

無論如何都要小心糧食裏出現蟲子！

一起生長的朋友

去年的一天，大家一起到綠油油的粟米地裏給青瓜施肥。第一次到田間的我，很好奇青瓜為甚麼種在粟米地裏。

套種是將兩種農作物種植在同一塊田裏。可不是隨便甚麼農作物都可以一起種，套種必須符合農作物生長規律，並且還要滿足兩種農作物生存需要的條件。

一起來看看最常見的套種吧。

粟米加青瓜
粟米行間種青瓜可減少青瓜花葉病的發生。

棉花加小麥

棉花與小麥套種，這種培植方法對控制棉花苗期蚜蟲生長十分有利。

大豆加蓖麻

大豆與蓖麻套種，可利用蓖麻散發的氣味驅趕危害大豆的害蟲，降低蟲害損失。

圓圓的大豆

美好的一天開始了。我和田鼠兄妹約好到田裏去採摘一些豆子。豆子們藏在「叢林」裏。看！好多長長的豆莢啊。

根據顏色不同，大豆可分為黃豆、青豆、黑豆、褐豆等。

大豆原產自中國，是中國重要糧食作物之一，已有約五千年栽培歷史，古時稱為菽。

其他豆莢：

菜豆

豌豆

豇豆

大豆的花

大豆種子藏在豆莢裏，當豆莢變成枯葉般的黃色時，豆子就成熟了。

大豆常用來榨油、釀造醬油，或製作成豆製品。有些田地裏，人們種植大豆並不是為了收穫豆子，而是為了飼養豆蟲。收穫的豆蟲能夠賣給一些特色菜餐廳做成美食。

蟲子、蟲子……
好多蟲子！

豆腐誕生啦！

1. 磨製生豆漿。

2. 加入鹽鹵小火慢煮，豆漿中出現白色凝固物後，關火。

3. 倒入模具中，頂上放重物壓住，等待豆腐徹底凝固即可。

4. 取出豆腐。

麻婆豆腐

炸豆腐

自製豆漿
往豆漿機裏加入黃豆和熱水，開啟開關，一杯豆漿很快就能做好。

曬太陽的醬油
醬油在陽光下曝曬，能促進醬油發酵，使醬油更香醇。

花生和芝麻

張爺爺送了一些曬好的花生給我們，我們迫不及待地剝起了花生，再配上新鮮的芝麻，可以做一瓶美味的花生醬！

花生

花生是製取食用油的主要油料作物之一，被譽為「植物肉」。

花生從播種到開花只需 1 個月，不過花期長達 2 個月。

我們吃的花生雖然長在土壤裏，但它屬於果實，不是根。

花生的果實叫作莢果。

炒花生米

花生糖

花生油

收割花生時，通常先將花生連根拔起，抖掉泥土，放在地裏晾曬，再進行撿收。

發霉的花生會產生有害物質，不可再食用。

花生醬

芝麻

芝麻被譽為「八穀之冠」。用芝麻榨取的芝麻油叫作香油,其特點是氣味醇香。

芝麻的花

白芝麻

黑芝麻

每個果實裏都有很多芝麻籽。

在食物上撒上一些芝麻,食物會更香。

芝麻油

芝麻球

芝麻糖

在芝麻的果實上摳出一道縫,輕輕捏果實,裏面的芝麻就被擠出來了,吃起來滿滿的芝麻香。

芝麻成熟後,割下植株,放在乾淨的地方曬幾天,葉子乾枯後,用細棍輕敲莖稈,讓芝麻的果實自己裂開,芝麻就會蹦出來。

向日葵和油橄欖

向日葵和油橄欖也是常見的、可以榨油的農作物。木木說牠從葵花籽油裏，吃出了瓜子的味道。

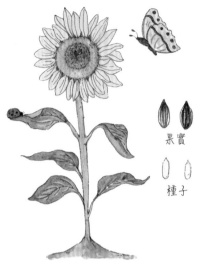

向日葵

向日葵有一個會動的大花盤，花盤會跟隨太陽的移動而改變方向。

果實

種子

花盤裏面結滿了果實，也就是人們常吃的葵花籽 —— 也有人叫它瓜子，其實葵花籽和瓜一點關係也沒有。

葵花籽也能榨油。不過需要很多很多葵花籽才能榨出一瓶油。

現在很多人喜歡用葵花籽油來炒菜。

六月時我們還去了向日葵田寫生，難道那裏的向日葵都會送去工廠？

油橄欖

　　油橄欖樹來自西方國家，相傳它是智慧女神雅典娜送給人類的神樹。現在，人們也用白鴿銜着橄欖葉來表示「和平」。

花　　　　　果實

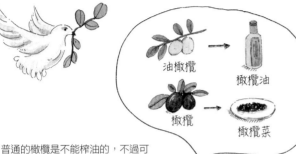

油橄欖　→　橄欖油

橄欖　→　橄欖菜

普通的橄欖是不能榨油的，不過可以做成好吃的橄欖菜。

種子　　　　枝葉

　　油橄欖不怎麼出名，但是用它榨取的橄欖油卻是很受歡迎的食用油。

成熟的油橄欖被送進工廠，榨成金黃透明的橄欖油，銷售到各地。

工人正修剪油橄欖的枝葉，使它們不要長得太高。

1. 清理原料：原料为帶豆莢的大豆，先要利用機器篩去原料中的雜物。

2. 破碎：篩揀後的大豆在剝殼機中去掉外殼。

油從哪裏來

　　最初人們食用的油來自動物的脂肪，後來人們發現植物種子裏也能榨出油脂。

　　榨油也和釀酒一樣變成了工藝。

　　這裏是我家的榨油工廠，不過我今天是第一次來。

7. 儲存和運輸：食用油不宜長期存放在塑膠瓶中。運輸時要隔離火源。

6. 毛油的再加工：毛油經過水洗、分離等過程，得到最終成品油。

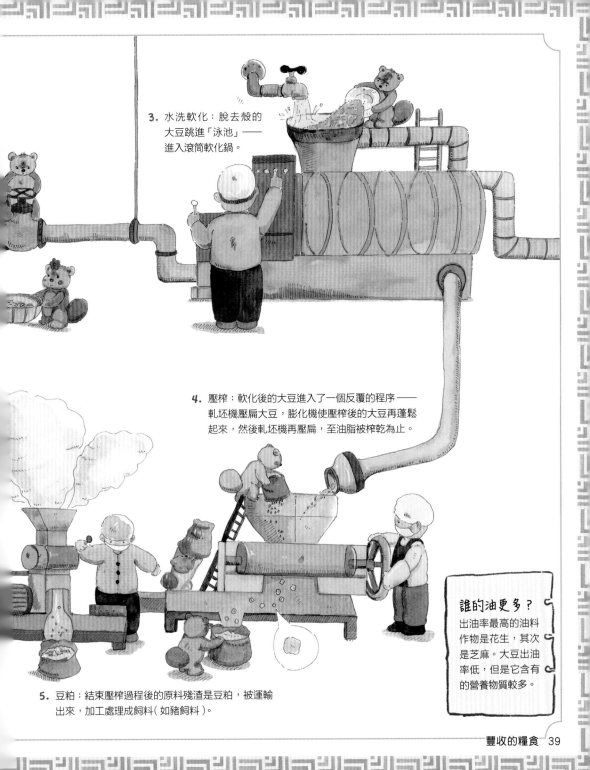

3. 水洗軟化：脫去殼的大豆跳進「泳池」——進入滾筒軟化鍋。

4. 壓榨：軟化後的大豆進入了一個反覆的程序——軋坯機壓扁大豆，膨化機使壓榨後的大豆再蓬鬆起來，然後軋坯機再壓扁，至油脂被榨乾為止。

誰的油更多？
出油率最高的油料作物是花生，其次是芝麻。大豆出油率低，但是它含有的營養物質較多。

5. 豆粕：結束壓榨過程後的原料殘渣是豆粕，被運輸出來，加工處理成飼料（如豬飼料）。

用途多多的秸稈

麥類植株的莖稈是牛、馬等動物的飼料。

秋季的田野真是熱鬧非凡，不僅有豐收的莊稼，還收穫了滿滿的喜悅。莊稼不僅可以吃，還有這麼多的用處！

牛吃秸稈後排出的糞便，是非常好的農家肥。

田園裏的「秸稈節」開始啦。大家一起用秸稈做了兔子和大象，它們像藝術品一樣漂亮。

秸稈可以蓋草屋、編織草鞋和草帽等。

燃燒秸稈會給環境帶來影響。

秸稈可以送到工廠發酵，生產出乙醇。乙醇可以成為環保汽車的能源。

二十四節氣

① 立春
冰雪正在消融、萬物復甦。

② 雨水
春雨淅淅瀝瀝，小草發芽。

③ 驚蟄
春雷轟隆響，春耕開始了。

④ 春分
田裏越冬的小麥開始分蘖。

⑤ 清明
枝丫上發出新芽，又到了種瓜種豆的時節。

⑥ 穀雨
豐富的雨水讓穀類作物茁壯成長。

⑦ 立夏
夏天來了，又到了插秧的時節。

⑧ 小滿
去年秋天種下的麥子就要熟了。

⑨ 芒種
農田總是不能閒，整理好田地，播下新的種子。

⑩ 夏至
炎熱的日子到來，這麼熱，農作物卻生長旺盛。

⑪ 小暑
農作物快速生長，需加強田間管理。

⑫ 大暑
一年中最熱的時候。大量的雨水滋養着田裏的農作物。

⑬ 立秋
葉子黃了。大豆結了豆莢。

⑭ 處暑
轉眼要到秋天，該搭建「糧倉」，等候糧食收割入倉了。

⑮ 白露
天氣轉涼，偶爾會結霜，得給稻田灌點水。

⑯ 挑選優質的種子，準備秋季的播種。
秋分

⑰ 寒露
北方秋粟米豐收。

⑱ 霜降
霜會凍壞農作物，要做好防凍準備。

㉑ 大雪
田裏白茫茫，麥子蓋了三層被。

⑳ 小雪
雪落下來，蚯蚓在地下也覺得冷。

⑲ 立冬
清理田間溝壑，疏通水利。

㉒ 冬至
吃了餃子再去翻整田地。

㉓ 小寒
做好農作物防凍、防濕工作。

㉔ 大寒
最冷的時候，別忘了給農作物施加一點肥料。

學包餃子和湯圓

餃子

工具：
不鏽鋼盆
擀麵棍
砧板

材料：

 麵粉 500g

 肉 400g

 大蔥 3 根

調味料：

 胡椒粉

 香油

 鹽

 醬油

 清水 (適量)

 薑 (若干)

❶ 和麵，並將麵團分成小麵團。

❷ 用小擀麵棍擀成圓圓扁扁的麵皮，餃子皮就做好了。

❸ 將肉剁碎，將蔥和薑切碎，與調味料拌勻，餃子餡就做好了。

❹ 包餃子。取適量的餃子餡放在餃子皮中間，將兩邊的餃子皮對折，捏合在一起，捏出褶子，一個肚子圓滾滾的餃子就包好了。不要把餡放得太多了，否則容易把餃子皮撐破。

❺ 餃子可以煮着吃，也可以用蒸籠蒸着吃。

湯圓

工具：
鐵臼
盆
砧板

材料：

 糯米粉 500g

餡料：

 橙皮糖　　 花生　　 白砂糖

 冬瓜糖　　 黑芝麻　　 赤砂糖

 豬油（適量）　　 鹽（適量）　　 清水（適量）

① 將黑芝麻、花生炒熟，放入鐵臼搗碎。備用。

② 橙皮糖、冬瓜糖切碎成末，與白砂糖、赤砂糖、少許鹽混合均勻，再放入黑芝麻、碎花生拌勻。將餡料放入熱豬油中攪拌。充分拌勻後餡料就完成了。

③ 將糯米粉和成麵團。

④ 揪下一小塊做成窩窩頭的形狀，填入湯圓餡，搓圓。

⑤ 湯圓下鍋煮至全部漂浮到水面上，就可以吃了。

不同國家的田野

我們的第一站到達了美國。漢堡和薯條是木木的最愛。

美國廣袤的大平原上，有許多農場。在這裏可以看到人們操作大型農業機械進行播種和收割。

美國糧食生產的機械化水平世界領先。耕地、整地、播種、田間管理、收穫、乾燥等環節全都實現了機械化生產。

第三站我們來到了北方，去看看俄羅斯人的田園。

俄羅斯地廣人稀，是世界上面積最大的國家，這裏耕地面積廣闊、土地肥沃。

日本農業生產模式先進、管理細緻，這也是日本農產品品質高的重要原因。日本的農戶都是專業化分工，日本的匠人精神在農業上也有所體現。

第二站我們回到了東半球，來到了日本。日本也是農業大國。

在日本，温室大棚裏的農產品也能種得像花卉展覽中的盆景一樣漂亮。有些農戶還很有創意地將水稻田修剪出各種圖案。

糧食作物的原產地

粟米：原產自美洲。

大麥：原產自中國。

小麥：來自兩河流域。

水稻：源於中國長江流域。

粟：源於中國北方地區。

高粱：原產自非洲。

俄羅斯大列巴很有名，一個大列巴能有兩公斤重，吃起來酸酸甜甜，非常可口。

親愛的爺爺：
　　愛爾蘭人將馬鈴薯當作主食，我在這兒吃了三天的馬鈴薯了！
　　真懷念您做的魚香肉絲蓋飯。
　　　　　　　　想吃米飯的小雷 寄

最後一站，我們來到了愛爾蘭。這裏的原野和牧場非常美。

馬鈴薯既是蔬菜，也是糧食。

馬鈴薯還被列為世界五大作物之一。

馬鈴薯不是蔬菜嗎？

馬鈴薯又叫土豆，原產於南美洲。它產量高，還含有很多有益的營養物質。

馬鈴薯在東方國家也逐漸被列入主食範疇。

糧食的探究課圓滿完成，但學習還未結束。新的探索正等着我們，說不定又能發現有趣的事！